Émile Blanchard

I0478371

Les Mœurs des Fourmis

Le savoir
en poche

ISBN : 978-1547054954

10 9 8 7 6 5 4 3 2 1

Émile Blanchard

Les Mœurs des Fourmis

Le savoir
en poche

Table de Matières

Introduction

On lit dans l'*Ecclésiaste* : « Le trépas est pour l'homme et pour les bêtes ; égale est leur destinée. Comme l'homme meurt, ainsi elles meurent de la même manière ; elles respirent toutes, et l'homme n'a rien de plus que la bête. Toutes choses sont soumises à la vanité. Toutes choses vont vers un seul lieu : elles ont été faites de la terre, et elles retournent pareillement à la terre. Qui sait si l'âme des hommes monte en haut et si l'âme des bêtes descend en bas [1] ? » Ces lignes, que la main d'un sage a tracées, sont-elles donc tout à fait oubliées des modernes défenseurs de la foi ? Au nom de certaines idées religieuses, des vérités éclatantes comme la lumière doivent être conspuées. Soutenir que les phénomènes de la vie participent de la même essence chez tous les êtres animés, signaler l'intelligence des animaux, apporter des preuves irrécusables de la prodigieuse antiquité du monde terrestre, voilà, aux yeux des purs croyants, des choses impies, des énormités dignes de l'enfer. Il semble parfois qu'on regrette l'absence d'un saint tribunal pour garder le genre humain dans l'obscurité du moyen âge. On put faire quelques bonnes avanies à ce pauvre vieux Galilée, inspirer à ce mécréant une crainte salutaire ; aujourd'hui il faut se contenter de l'anathème envers ceux qui, à force de recherches et de patience, reconnaissent et proclament une vérité sur le monde. Les gens bien élevés accordent de l'instinct aux animaux, de l'intelligence jamais. Il ne suffit pas à l'homme d'avoir le premier rang dans la création, on entend que nul ne lui ressemble, s'il n'est Dieu. Le livre saint l'a dit, « toutes choses sont soumises à la vanité. »

Bonnes gens qui volontairement fermez les yeux à la lumière pour rester fidèles à des préjugés encore inconnus dans les temps bibliques, et qu'enfantèrent plus tard l'orgueil et l'ignorance, voyez les résultats de l'aveuglement. Afin de saper au plus vite des croyances qu'on déclare inconciliables avec les vérités dont la conquête est la gloire de l'humanité, des esprits que la grâce n'a pas touchés affirment que vous descendez des singes, et, en remontant bien loin, des *outres de mer* [2]. A de telles assertions, une foule applaudit en invoquant la science, qu'on respecte peu en pareille occurrence.

Pourrions-nous en ce moment mettre en oubli des préjugés qui blessent la raison, et perdre le souvenir des moyens de les combattre qui prennent leur source dans la rêverie ? Des études récentes ajoutent aux notions acquises et déjà fort répandues sur les mœurs de certains animaux des détails charmants et pleins d'intérêt. Nous avons à signaler des actes ; seule, la stricte réalité les rend dignes d'attention. Il s'agit de très petites bêtes ; les chétives créatures constituent de grandes sociétés et rappellent par plus d'un trait la vie des sociétés humaines. Ainsi avons-nous à considérer des aptitudes au travail, des passions vives, des sentiments variés, des relations sociales douces ou violentes ; seule, la juste appréciation des phénomènes psychologiques peut rendre notre histoire complète et véridique. Voulant nous immiscer dans la vie privée des fourmis, ce sera le grand attrait de voir l'intelligence aux prises avec mille difficultés. C'est bien l'intelligence qu'il faut dire ; toute autre expression serait absolument fausse. Des machines ne sauraient préférer un endroit à l'autre pour l'établissement d'un nid, aller au loin chercher des matériaux propres à construire, discerner les avantages d'une situation, déployer du courage ou montrer des défaillances, panser des blessures, réchauffer ceux qui ont froid, témoigner la plus touchante sollicitude pour les jeunes qui réclament des soins maternels, apercevoir les dangers et se mettre en garde contre l'ennemi. On veut toujours parler d'instinct lorsqu'il est question des actes de la vie des bêtes ; mais la mémoire, les affections, le jugement, le raisonnement, le discernement, dont à tant d'égards les animaux donnent des preuves, ne sont pas de ce domaine. Il est une loi générale qu'il importe d'avoir présente à l'esprit. Les êtres particulièrement doués possèdent des instruments naturels ; mus par une force aveugle, ils cherchent à se servir de ces instruments, c'est l'instinct. L'intelligence seule peut diriger des opérations complexes, où. il y a des dangers à éviter, des difficultés à surmonter, des obstacles à vaincre.

Dans chaque groupe du règne animal, les nobles qualités apparaissent chez les espèces qui mettent au monde une progéniture faible et sans défense. A des jeunes qui périraient dans l'abandon, il faut les soins et la protection de mères ou de nourrices ; alors se constitue la famille. Pour assurer le sort d'une postérité plus ou moins nombreuse, les parents ou des ouvriers habiles à exécuter des travaux considérables montrent des aptitudes surprenantes, des instincts merveilleux, une intelligence et un sentiment admirables. Ces gentils oiseaux, pinsons, mésanges, hirondelles, fauvettes, bergeronnettes, font des nids charmants pour recevoir des nouveau-nés incapables de vivre sans des soins permanents ; ils nous ravissent par une foule d'agréments. Les gracieuses créatures possèdent une multitude de perfections qui manquent absolument aux canards et aux gallinacés si brillants par le plumage, — ces derniers n'ont guère à se préoccuper de poussins assez forts dès l'éclosion pour courir et chercher leur nourriture [3]. La règle est toute semblable parmi les insectes. Le papillon, dont la chenille vit d'une façon indépendante, voltige sans souci d'aucun genre ; l'hyménoptère, qui donne naissance à des larves presque inertes, est industrieux. Si la mère est d'une telle fécondité qu'elle se trouverait dans l'impossibilité de satisfaire aux exigences de sa nombreuse progéniture, des individus stériles sont appelés à remplir les devoirs maternels. Ainsi les guêpes et les abeilles forment ces immenses sociétés qui étonnent par la grandeur des travaux. Par la variété des ressources qu'elles mettent en œuvre, plus extraordinaires encore sont les fourmis. Nulle part dans le monde des insectes, on ne pourrait étudier avec un égal profit les phénomènes de l'ordre psychologique. Nous avons appris depuis peu beaucoup de choses nouvelles sur les fourmis.

Section I

A peu près en tout pays, les fourmis s'emparent d'une partie du sol. Peuples barbares et gens civilisés remarquent ces insectes, qui donnent l'exemple du travail et de l'association. Longtemps néanmoins les fourmis déjouèrent la perspicacité des investigateurs. Au milieu de la foule des individus sans ailes, on avait observé des individus ailés, mais la nature et le rôle de ces différentes créatures restaient ignorés. Au XVIIe siècle, un homme habile, Swammerdam, découvrit, par des dissections délicates, que les individus ailés sont les mâles et les femelles, les autres des femelles stériles, des neutres, les ouvrières enfin qui seules pourvoient à tous les besoins de la société [4]. Les naturalistes s'efforcèrent ensuite de reconnaître les particularités de la vie des industrieux insectes ; ils n'eurent d'abord que peu de succès. Le véritable révélateur des mœurs des fourmis, Pierre-Huber de Genève, n'est venu qu'au commencement du siècle actuel. Le fils du célèbre historien des abeilles avait le génie de l'observation. Son œuvre est restée, bien près de l'heure présente, l'expression presque entière des notions acquises sur les actes des fourmis. Cent fois on vérifia l'exactitude des faits que Pierre Huber avait constatés sans obtenir de l'investigation de nouveaux résultats d'une certaine importance. Applaudissons, aujourd'hui un progrès notable est réalisé. Nos différentes fourmis indigènes n'avaient pas été suffisamment comparées ; on n'en avait point défini les caractères avec la rigueur qui importe à la science ; des auteurs s'étant contentés de désignations trop vagues, le fruit de plusieurs études de mœurs se trouvait perdu. Depuis une vingtaine d'années, les espèces européennes, au nombre de plus d'une centaine, ont été décrites d'une manière précise. les recherches sur les aptitudes particulières des espèces, longtemps comme interrompues, ont été reprises dans des conditions favorables ; de nouveaux chapitres sont venus s'ajouter à l'histoire des êtres qui comptent dans la création parmi les plus remarquables.

Présenter les résultats des études récentes sur les mœurs des fourmis est notre unique dessein ; les observations anciennes ont été rapportées dans une foule d'écrits, et tout le monde en garde un peu le souvenir [5]. Pour défendre notre récit de toute obscurité, il suffira de rappeler à grands traits les notions depuis longtemps répandues.

Fort nombreuses en espèces, les fourmis se ressemblent par les plus essentielles conditions de la vie, tout en ayant des habitudes assez différentes. Les plus communes dans nos bois bâtissent à la surface du sol de vastes demeures qui nécessitent une quantité prodigieuse de matériaux [6]. Au dehors, c'est un large dôme apparaissant comme un amas de morceaux de bois, de brins de chaume, de cailloux, de grains de blé ou d'avoiné ; à l'intérieur, c'est un formidable enchevêtrement de bûchettes à peu près d'égale dimension, disposées de façon à circonscrire des chambres et des avenues assez irrégulières, il est vrai, mais permettant néanmoins une circulation facile dans toutes les parties de l'édifice. Placés avec un art incroyable, les morceaux de bois se trouvent étayés les uns par les autres ; les premiers sont enfoncés dans la terre. Ainsi la construction dans son ensemble offre une remarquable solidité. Ces nids ont plusieurs ouvertures que les habitants ferment à la chute du jour et dans les temps de pluie. Diverses espèces pratiquent d'énormes souterrains et installent des appartements à plusieurs étages sans employer de matériaux étrangers ; ce sont les maçonnes. D'autres moins habiles, en général de taille fort exiguë, s'établissent sous une large pierre qui servira de toiture : dans la terre, elles creusent des galeries ; ce sont les mineuses. Certaines fourmis se logent dans le bois : la matière se prête à la sculpture ; aussi est-ce une merveille que le dédale de chambres et de couloirs. Les fourmis ont des instruments de travail très simples ; des mandibules garnies de quelques dents suffisent à tailler le bois ou des brins d'herbe, à pétrir la terre, à saisir les corps. Selon la nature des outils, l'animal se montre habile à une besogne particulière, ses mandibules deviennent des armes, et, chez beaucoup d'espèces, ce sont des armes puissantes. Un des traits saisissants de la vie des laborieux insectes, c'est le concert qui s'établit entre les individus pour la construction des nids, pour les expéditions à la recherche des subsistances, pour les combats, aussi bien que dans le partage des attributions. Très fréquemment on voit les ouvrières se toucher les unes les autres avec les antennes, et tous les observateurs demeurent persuadés qu'elles ont entre elles des communications, une sorte de langage. En effet, une fourmi rencontre-t-elle un embarras, découvre-t-elle une substance de son goût, au plus vite ses compagnes averties accourent sur la place.

Au printemps, il n'existe dans les nids que la foule des ouvrières et quelques reines privées d'ailes. Une fois fécondées, les femelles, ne devant plus sortir de l'habitation, abandonnent leurs ailes, qui se détachent sans causer le moindre trouble à l'animal ; l'insecte les tire, elles tombent ; au besoin, les neutres se chargent de l'opération. Les femelles commencent à pondre ; les œufs, entièrement blancs et d'une extrême petitesse, grossissent sensiblement au contact de l'air ; les ouvrières les recueillent, les placent dans des chambres spéciales, s'efforcent de les préserver du froid ou de la trop grande chaleur. Les larves éclosent, pauvres créatures presque inertes ; elles ont tout juste l'instinct de redresser un peu la tête et d'ouvrir la bouche pour recevoir la becquée. Habiles dans l'art de l'ingénieur ou de l'architecte, adroites au possible dans l'exécution des travaux matériels, les fourmis sont des nourrices incomparables. Elles tiennent les larves dans un état de propreté parfait, les gorgent de sirop, le matin les portent aux étages supérieurs, où se fait sentir une douce température, les remportent aux étages inférieurs lorsque le soleil trop ardent pourrait griller ces corps débiles. Elles n'agissent pas chaque jour de la même manière ; les conditions atmosphériques en décident. Vraiment ce ne sont pas des êtres sans raison qui se comportent ainsi. Parvenues au terme de la croissance, les larves filent une coque soyeuse ; enfermées dans cette prison, elles se transforment en nymphes [7]. Les ouvrières donnent aux cocons les soins qu'elles donnaient aux larves ; au moment où l'insecte adulte vient d'éclore, elles déchirent le tissu soyeux de façon à rendre facile la sortie du nouveau-né. Les jeunes fourmis ne sont pas tout de suite en état de prendre part aux travaux de la communauté ; les vieilles commencent par leur offrir de la nourriture, elles les accompagnent ensuite dans les diverses parties de l'habitation et les initient aux actes de la vie : il y a une éducation dont la durée n'est pas certaine.

En même temps que naissent des ouvrières en grand nombre, naissent aussi des mâles et des femelles. Mâles et femelles n'ont qu'un souci, qu'un désir, au plus vite s'envoler. En plein air seulement se consomment les unions. Les fourmis ailées s'échappent ; quelques-unes ne vont pas loin ; les femelles capables de devenir mères, recueillies par les ouvrières et rapportées au nid, vont accroître la population. D'autres au contraire se sont trouvées entraînées à d'énormes distances ; chaque femelle fécondée tombe sur le sol sans secours possible. Elle n'en est pas troublée ; elle s'enfonce dans une cavité, se débarrasse de ses ailes et, se faisant ouvrière, elle construit un petit nid. Elle pond une minime quantité d'œufs, et, devenant mère et nourrice à la fois, elle élève ses larves ; des ouvrières éclosent. Celles-ci agrandissent l'humble demeure et se mettent aux travaux nécessaires. Désormais la mère sera reine. Ainsi se fondent les colonies.

Nos fourmis indigènes, on le sait, se nourrissent de matières fluides et se montrent particulièrement avides de liqueurs sucrées ; elles lèchent le miel sur les fleurs, elles sucent le jus des fruits. Ce n'est pas pour elles seules ; douées de la faculté de dégorger, elles puisent une énorme quantité de nourriture afin d'alimenter les compagnes restées au logis et surtout les larves. Personne n'ignore combien les intelligentes petites bêtes recherchent les pucerons, qui éjaculent un liquide sucré. Sur les végétaux où abondent ces parasites, ce sont des allées et venues continuelles. Plusieurs espèces, principalement des maçonnes et des mineuses, font mieux que d'aller à grande distance recueillir les gouttelettes de la liqueur toujours si désirée, elles emportent les pucerons et les mettent sur des plantes dans le voisinage de la fourmilière ou même à l'intérieur de la fourmilière. Les industrieux insectes connaissent le prix du bétail.

Certaines fourmis n'ont pas honte de s'établir dans les nids d'autres espèces et parfois d'aller attaquer ces mêmes espèces, à qui elles enlèvent larves et nymphes afin de se procurer des esclaves [8]. Il y a des fourmis privées d'instruments de travail, absolument inhabiles à construire comme à prendre soin des larves, mais d'humeur guerrière : ce sont les amazones [9]. Par la violence, celles-ci s'emparent des nymphes de la fourmi brune ou de la mineuse [10]. Les ouvrières étrangères éclosent, et tout de suite se mettent au travail dans la demeure où elles sont nées, donnant des soins à la progéniture des amazones, apportant la nourriture à leurs ravisseurs eux-mêmes. Huber a retracé d'une façon naïve et charmante les exploits de ces guerrières, qui par un beau jour d'été s'acheminent en longue colonne vers une fourmilière plus ou moins éloignée, se précipitent à l'assaut, massacrent les défenseurs de l'habitation et, grâce à la supériorité de leurs armes, envahissent le nid et emportent les coques qui contiennent les nymphes.

C'est assez sur l'histoire plus ou moins ancienne, nous pouvons maintenant nous attacher aux observations nouvelles.

Un naturaliste, successivement professeur dans plusieurs de nos facultés des sciences, Charles Lespès, dont la carrière a été trop tôt finie [11], se livrait à des investigations minutieuses dans les fourmilières. Témoin de certains actes, il avait conçu de l'intelligence des fourmis une très haute idée. On savait que divers insectes cohabitent avec les fourmis sans être ni inquiétés, ni maltraités par ces dernières ; mais le genre de relations qui pouvait exister entre les maîtres du logis et les hôtes restait ignoré. Lespès dévoila le mystère. Seulement dans les fourmilières vivent de très petits coléoptères d'un aspect étrange : tout luisants, d'un roux uniforme, les clavigères, ainsi qu'on les appelle, ont d'énormes antennes, des élytres courtes, des pinceaux de poils sur les côtés. Triste semble la condition de ces êtres ; aveugles, ils sont condamnés à une existence sédentaire ; ayant la bouche singulièrement conformée, ils sont dans l'impossibilité de manger seuls. Nulle part, on ne voit l'exercice de la liberté plus entravé ; par bonheur, ces malheureux insectes n'en ont sans doute pas conscience. Les fourmis sont pleines de soins et d'attention pour les clavigères ; . à ces pauvres créatures, elles donnent la becquée. L'œuvre, il est vrai, n'est pas désintéressée. Les poils des petits coléoptères s'imprègnent d'un liquide visqueux et sucré fourni par des glandes ; avides de cette matière, les fourmis se délectent à lécher les poils qui en sont enduits. Elles trouvent avantage à nourrir et à soigner de véritables animaux domestiques. Il est assez ordinaire de rencontrer des clavigères chez certaines fourmis ; pourtant on voit des nids où il n'en existe aucun. L'observateur s'avisa d'en mettre dans ces habitations, au dépourvu. Il croyait que le présent serait agréable ; il n'en fut rien. Les fourmis, fortement intriguées à la vue de ces étranges créatures, cherchaient en vain l'usage qu'on en pouvait faire. Elles tâtaient, retournaient les pauvres insectes, et enfin, les considérant comme des bêtes inutiles, elles les tuaient en les coupant avec leurs mandibules. L'expérience est curieuse ; elle prouve que les individus s'instruisent, et que, sans une sorte d'éducation reçue de leurs semblables, ils se montreraient inhabiles dans l'accomplissement de certains actes.

Des coléoptères agiles de la famille des staphylins, dont les élytres laissent à découvert l'extrémité postérieure du corps, habitent les fourmilières, ce sont les *loméchuses* [12]. Mieux partagés que les clavigères, ils sont d'humeur vagabonde. Clairvoyants, pourvus d'ailes, ils sortent des. nids, mais ils sont bien forcés d'y revenir ; lorsque la faim les presse, ils n'ont pas d'autre ressource. Incapables de prendre eux-mêmes leur nourriture, ainsi que Lespès l'a constaté, ils la demandent aux fourmis. Celles-ci ne refusent pas de rendre un bon office à des créatures qui ont quelque chose à donner. Les loméchuses sécrètent une matière sirupeuse que retiennent des bouquets de poils placés sur les côtés de l'abdomen, Les poils se trouvant cachés par les organes du vol, le coléoptère écarte ses ailes pour que la fourmi puisse lécher la liqueur. Pareille entente de la part de deux êtres n'ayant aucune parenté est vraiment un des traits les plus curieux de la vie des animaux. Le croirait-on ? il y a des fourmis qui ne savent pas manger. Les fameuses amazones, qui prennent des esclaves pour élever les larves, sont dans l'obligation de solliciter de ces mêmes esclaves leur propre nourriture, et de la recevoir de la bouche à la bouche.

Près des rivages de la Méditerranée, sur les terrains o£ le soleil darde ses rayons sans rencontrer d'obstacles, — les *garrigues*, suivant l'expression, consacrée, — habitent de vigoureuses fourmis qu'on nomme les attes. Celles-ci se distinguent au premier coup d'œil par le premier anneau de l'abdomen, qui forme deux nœuds au lieu d'un seul comme chez les fourmis ordinaires ; elles ont une grosse tête et des mandibules robustes. A les voir, on devine qu'elles sont pleines d'énergie. Deux espèces sont particulièrement communes : l'atte noire [13] et l'atte maçonne [14], plus petite et d'un brun rougeâtre assez clair. Chez ces fourmis, il existe de singulières différences entre les ouvrières. Certains individus ont la tête de proportion- médiocre, d'autres la tête énorme avec des mandibules extrêmement puissantes. Plusieurs naturalistes ont présumé qu'il y avait deux sortes de neutres : les soldats et les ouvrières ; volontiers on supposait les soldats des mâles stériles. D'après les observations de Lespès, les forts comme les faibles exécutent les mêmes travaux et prennent également part aux combats ; enfin tous seraient des femelles stériles. De grandes fourmis des pays chauds présentent encore dans les signes extérieurs des dissemblances plus frappantes. Il est difficile de croire qu'un rôle spécial ne soit pas attribué à chaque catégorie d'ouvrières.

Que de fois n'a-t-il pas été question de la gracieuse fable de La Fontaine : *la Cigale et la Fourmi* ? A Ésope, le poète emprunta le sujet, et de confiance il présenta la fourmi comme un modèle de prévoyance. C'est que, par une tradition venue de loin, on ne doutait en aucune manière que le petit insecte ne prît soin d'emplir ses greniers en vue de la mauvaise saison. Cependant les investigateurs modernes, attachés à l'étude de nos espèces indigènes, n'hésitèrent pas à déclarer que les fourmis n'amassent point, qu'elles ne sauraient manger des substances dures comme la plupart des graines, enfin qu'elles n'ont nul besoin de provisions pour l'hiver, car elles s'engourdissent dès les premiers froids. Un poète en faute à l'égard des conditions de la vie des animaux, cela ne tire pas à conséquence ; il suffit d'avertir les gens crédules de ne pas le croire. Ainsi pensaient les naturalistes, très certains de l'exactitude des observations poursuivies sur nombre d'espèces de fourmis ; il semblait que la science eût prononcé le dernier mot. Tout à coup néanmoins un doute s'élève ; on a vu des fourmis qui recueillaient avec une ardeur extrême les semences de quelques plantes particulières, puis on se souvient que chez les peuples de l'Italie, de la Grèce, de l'Orient, la croyance aux fourmis qui ont des greniers est universelle. Claude Élien, le contemplateur des animaux pendant les jours heureux de l'empire romain, a tracé un séduisant tableau des fourmis qui vont aux champs faire la récolte ; d'autres auteurs ont parlé de cette habitude comme étant fort ordinaire ; enfin dans l'Inde, des curieux des choses de la nature ont remarqué encore des fourmis emportant des graines. Un trait de lumière commence à poindre ; les espèces si bien observées, qui ne prennent aucun souci des richesses, n'habitent-elles pas le centre de l'Europe, et au contraire les espèces signalées comme d'infatigables moissonneuses les rivages de la Méditerranée ? Une recherche pleine d'intérêt devait être entreprise. Charles Lespès, poursuivant ses investigations sur la côte de Provence, rencontrait particulièrement les attes à grosse tête ; il n'eut pas de peine à découvrir que ces dernières se comportent tout autrement que les fourmis du nord, à chaque instant il admirait avec quelle activité les attes noires et brunes ramassent les graines. Fallait-il aller bien loin les recueillir, les intelligentes petites bêtes se partageaient la besogne. Sur les chemins, une plante à larges feuilles ou une pierre laissant un espace libre servait pour l'établissement d'un dépôt ; les individus qui avaient battu la campagne apportaient la récolte en cet endroit ; d'autres y venaient prendre les graines et les traînaient jusqu'à l'entrée de la demeure où elles étaient reçues par les ouvrières chargées de l'emmagasinage. « Je les ai suivies bien souvent dans leur travail, dit Lespès, et, peu de temps après, j'ai toujours trouvé un petit tas de son à la porte ; le germe au moins avait été mangé. On le sait, en germant les graines produisent du sucre, c'est alors que les fourmis les brisent et les lèchent. » A un autre observateur était réservée la satisfaction de reconnaître d'une manière plus complète les manœuvres des fourmis moissonneuses.

Section II

Il y a trois ou quatre ans, un jeune Anglais, Traherne Moggridge, s'était beaucoup entretenu avec des personnes qui avaient vécu dans l'intimité des fourmis. Son attention éveillée sur des points controversés ou imparfaitement connus de la vie des plus laborieuses créatures du monde, il se promit d'user de toute la patience imaginable pour apprendre la vérité. Le pauvre garçon allait bientôt mourir, et il en avait le pressentiment. Atteint de la terrible affection qui frappe parmi la plus brillante jeunesse, aux mois d'automne et d'hiver, il venait respirer sur les grèves de Menton, plaçant l'espoir d'une guérison ou du moins d'un prolongement d'existence dans les chaudes effluves des côtes méditerranéennes [15]. Moggridge se plaisait à penser qu'il ne quitterait pas le monde sans ajouter quelques pages à l'histoire de certaines créatures aussi remarquables par l'industrie que par les mœurs et par l'intelligence. Oubliant la maladie, il passait les jours à épier les actions des fourmis, à suivre les manœuvres des araignées qui établissent dans la terre de ravissantes retraites. Ainsi noua sont parvenus de nouveaux renseignements précieux pour le naturaliste et pour le philosophe [16].

L'observateur nous conduit dans un endroit désert, non loin de la petite ville de Menton. La roche est une sorte de grès friable, le sable s'est accumulé dans les trous. La végétation est pauvre, çà et là croissent des cistes, du thym, de la lavande noire. Il y a des pierres, et près des pierres des pins maritimes tout rabougris. Au-dessous de l'espace aride et sauvage, orangers et citronniers, soigneusement entretenus par la main des hommes, remplissent la vallée ; des plantes basses, profitant de la terre cultivée, se pressent sur les bords et répandent en automne des graines à profusion. Sur la garrigue, deux longues colonnes de fourmis moissonneuses, c'est l'atte-noire, cheminent en sens opposé ; l'une se dirige vers le terrain cultivé, l'autre en revient. Le mouvement de la première colonne est rapide et bien ordonné ; les fourmis ne portent rien. Très différente est l'attitude de la seconde troupe ; la marche est pénible et irrégulière, toutes les fourmis sont chargées d'un lourd fardeau. Chaque individu tient entre ses mandibules une graine, quelquefois une grosse capsule qui lui couvre la tête et l'empêche de voir la route ; les chutes sont fréquentes, mais le pauvre insecte est courageux, il n'épargne pas sa peine, il n'abandonnera pas sa récolte. On juge aisément que les bêtes chargées vont au logis ; il faut les suivre, car c'est plaisir de voir avec quelle vivacité elles rentrent dans la demeure souterraine. Sur des points de la garrigue éloignés des terrasses herbues et fleuries, les attes noires errent comme au hasard ; elles ne s'inquiètent pas des lieux où elles trouveraient la richesse ; les transports à grande distance sont coûteux aussi bien pour les fourmis que pour les hommes. Dans une ingrate situation, les intelligentes petites bêtes préfèrent fourrager les environs malgré la misère de la végétation. Si la récolte est beaucoup plus laborieuse, il n'y a pas de temps perdu en courses longues et fatigantes ; la compensation reste à l'avantage des moissonneuses.

Le plus ordinairement les attes se contentent de ramasser les semences tombées ; , au besoin pourtant elles savent très bien faire la cueillette. Voici la plante de tous les terrains secs, la *bourse du pasteur* ; une fourmi grimpe, et, choisissant la tige garnie de graines, elle la coupe ; puis, avec des précautions infinies, elle descend en arrière traînant son butin et va rejoindre ses compagnes. Parfois ce sont les fruits volumineux de la morgeline [17] ; qui sont enlevés. L'opération est-elle difficile ou impossible pour un seul individu, un autre individu accourt ; avec son aide, le travail s'accomplit. Souvent, tandis que des fourmis cramponnées au sommet des tiges détachent des capsules, des ouvrières qui attendent au pied de la plante reçoivent les produits et les emportent. En vérité, on ne saurait mieux faire. Dans cette société si intelligente, il y a néanmoins des individus sots et ignorants. Des fourmis sans éducation, au lieu de choisir de bonnes graines, s'emparent de corps sans usage, et rentrent fièrement à l'habitation croyant avoir exécuté une belle besogne. Les malheureuses sont alors accueillies comme elles le méritent. Des inspecteurs, qui ne se laissent pas tromper, les forcent à sortir du nid au plus vite et à jeter au loin l'objet inutile. Témoin de pareils actes, l'observateur tenait à s'assurer que l'erreur n'est pas seulement parmi les hommes, qu'elle est encore parmi les fourmis. Dans le chemin que suivent les attes qui vont aux champs, il jette des grains de porcelaine grise ou blanche du volume et de l'aspect de certaines semences. Aussitôt des fourmis d'un faible discernement se précipitent sur ces morceaux durs, difficiles à retenir entre les mandibules, et les emportent. Sans tarder, les individus capables font comprendre leur sottise à ces pauvres créatures. Désormais chaque ouvrière passera près des grains de porcelaine et ne s'avisera plus d'y toucher.

Émile Blanchard

Gens sans pitié lorsqu'il s'agit de reconnaître un fait sont les expérimentateurs. Taquiner, déranger, mettre dans l'embarras ces vaillantes fourmis afin de voir si elles seront assez ingénieuses pour se tirer d'affaire, devient l'occupation de celui qui les admire. Il répand tout près d'un nid des graines extrêmement volumineuses ; les petites bêtes se jettent avec fureur sur ces grosses pièces et s'efforcent de les enlever. Faute d'y parvenir, elles les abandonnent ; mais le jour où la germination a commencé sous l'influence d'une averse, elles peuvent les saisir par la radicelle, et alors elles les entraînent à grande distance.

Après avoir vu les attes noires occupées à la moisson, il est tout naturel d'entreprendre quelques visites domiciliaires. Justement, sur le coteau aride, on aperçoit un petit espace couvert de plantes qui ne croissent guère que dans les champs cultivés ; ce sont des fumeterres, de l'avoine, de l'ortie, des véroniques, de la linaire. A tel indice, on ne saurait douter de la présence d'un nid ; en pareil endroit, les fourmis seules ont pu semer les graines de semblables végétaux. Les attes n'ont nul besoin de matériaux de construction, elles pratiquent simplement des galeries et des chambres souterraines, profitant parfois d'une ouverture, accidentelle qui rend les premiers travaux plus faciles. Aux abords de la fourmilière, des amas de terre, de gravier, de fragments déracines provenant des déblais, des tas d'enveloppes de graines ou de capsules, enfin de tous les débris sans usage, dénoncent l'entrée de l'habitation, si déjà elle n'a été indiquée par les allées et venues des fourmis. Tandis que des individus par centaines sont occupés à la moisson, d'autres encore en très grand nombre sont au logis perfectionnant les dispositions intérieures, recevant les semences qui sont apportées, entassant les récoltes dans les greniers.

Ouvrir le nid de l'atte noire sans beaucoup endommager les appartements est une œuvre de patience ; il faut avec des soins infinis enlever une énorme masse de terre. L'opération est-elle achevée d'une manière satisfaisante, on demeure frappé de la grandeur du travail. Sur une étendue qui souvent ne mesure pas moins d'un mètre, ce sont de longues galeries droites ou sinueuses et des chambres de formes et de proportions variables. Il y a plusieurs étages communiquant par des ouvertures verticales ; les fourmis ne connaissent pas les escaliers. La moisson étant faite, les greniers se trouvent abondamment pourvus ; voici des galeries pleines de graines noires et comme vernissées de l'amaranthe, plus loin, des chambres richement approvisionnées de semences diverses, où dominent celles de la fumeterre et des véroniques. Vient-on à vider quelques-uns de ces greniers, on s'étonne et une fois de plus on admire l'intelligence des laborieux insectes. Dans toutes les parties de l'habitation où circulent les fourmis, on ne voit que la terre bien tassée ou des chemins semés de gravier ; mais dans les endroits qui avaient reçu les dépôts de provisions, il y a sur le sol une couche de petits grains de silex et de brillantes paillettes de mica plus ou moins cimentés ; ainsi le fond est rendu à peu près imperméable. Pour être conservées, les substances alimentaires ne doivent-elles pas être mises à l'abri de l'humidité ? Évidemment les fourmis en ont conscience.

Si la place offre quelque séduction, volontiers l'atte noire élit domicile dans les roches friables ; alors chambres et galeries se trouvent mieux dessinées que dans la terre. Des crevasses aperçues, les fourmis ont été prises de la tentation de s'emparer de ces abris accidentels. Ce n'est pas tout cependant d'avoir sans peine de beaux vestibules, il reste à construire les appartements. Les pauvres insectes ne reculent pas devant un travail gigantesque ; ils minent la pierre en détachant avec les mandibules grain par grain, à l'aide d'outils d'une aussi faible puissance sont creusées des galeries longues de plus de 20 centimètres, et des chambres plus ou moins spacieuses. Quel exemple de succès dû à la patience ! Les espaces destinés à recevoir les dépôts de semences se reconnaissent toujours à la couche de ciment dont le sol est revêtu.

Un fait parut fort étrange. Dans plus de vingt nids ouverts du mois d'octobre à la fin de mai, les semences trouvées parfois assez humides n'avaient point germé, tandis qu'aux alentours, des graines de même origine ayant été répandues, les plantes se montraient déjà verdoyantes. Intrigué, vraiment en peine de trouver une explication plausible, l'observateur veut se livrer à une recherche attentive. Huit mois durant, des semences par milliers extraites des fourmilières sont examinées ; quelques-unes seulement présentent des traces de germination et celles-ci en général ont été mutilées comme si l'on eût voulu en arrêter le développement. Moggridge n'hésite pas à conclure que les fourmis exercent sur les graines un pouvoir mystérieux. Pour un naturaliste, le mystère, c'est l'ignorance ; la vérité, c'est qu'il reste à découvrir par quel procédé les intelligentes petites bêtes empêchent les semences de germer malgré la chaleur et l'humidité. Chose curieuse, ces graines comme frappées d'engourdissement, tirées des nids de l'atte noire et jetées sur la terre, se développent aussi bien que les autres ; plusieurs fois répétée, l'expérience eut toujours le même succès. Au reste les fourmis ne disposent peut-être que de moyens très simples, car à certaines heures on les voit porter des semences hors du nid, les mettre au soleil, et, l'exposition jugée suffisante, les remporter dans les magasins.

Naturellement les attes ont un autre régime alimentaire que nos fourmis des bois ; elles font des graines leur principale nourriture. Sous l'influence de la chaleur et de l'humidité, la matière amylacée se transforme en sucre, et les insectes, sensuels autant que laborieux, dévorent avec une avidité incroyable la pulpe douce. Ils ne garderont pas tout ce qu'ils ont consommé ; une part sera pour les larves. Les fourmis moissonneuses, paraît-il, ne se laissent guère prendre au dépourvu. En automne, elles fourragent avec une telle ardeur et amassent de si grosses provisions qu'au temps où viennent les fleurs les greniers sont encore loin d'être vides ; — les petites bêtes estiment la richesse. Néanmoins les attes ne se contentent pas absolument de graines ; volontiers elles attaquent des chenilles et se plaisent fort à en humer les parties fluides, mais elles ne semblent pas s'occuper le moins du monde des pucerons. Nos moissonneuses ne témoignent aucune préférence marquée pour une sorte de graines. Moggridge a trouvé dans les nids des semences d'espèces appartenant aux familles végétales les plus diverses. Près des jardins, l'atte noire emporte sans scrupule les graines des plantes exotiques les plus rares. On en eut l'exemple à Antibes, dans le parc d'un célèbre botaniste. L'atte maçonne, qui s'établit souvent à proximité, des habitations des hommes, ne se fait pas faute de piller le blé et l'avoine ou de recueillir les graines que les oiseaux jettent hors de leurs cages.

Sur les garrigues méditerranéennes de même que dans nos bois règne la paix ou la guerre. Parfois deux fourmilières sont en contact l'une avec l'autre, occupées soit par la même espèce, soit par des espèces différentes. Chaque nid a des entrées indépendantes ; il n'y a point de relations de voisinage entre ces demeures en apparence presque confondues. Dans les temps ordinaires, nulle hostilité n'éclate entre les deux colonies ; mais vient-on causer un trouble, tout aussitôt, comme furieuses, les fourmis se jettent sur les individus de l'habitation mitoyenne ; lorsque les forces sont inégales, le carnage est terrible. Il semble que les petites bêtes, attribuant à leurs voisines le bouleversement de leur nid, sont animées d'une soif de vengeance. Chose horrible à dire, le plus souvent les vainqueurs emportent les vaincus et les dévorent. Une telle conduite ne pourrait vraiment être louée que par les insulaires de l'Océan-Pacifique.

Personne n'observe attentivement les fourmis sans tomber en extase à la vue des soins qu'elles prodiguent aux larves et aux individus dont la mission est de perpétuer l'espèce, à la vue encore des ouvrages énormes qu'elles élèvent, du concert qui s'établit entre elles pour l'exécution des travaux, de l'ardeur, de la patience, du courage et de l'intelligence qu'elles déploient. Ces chétifs insectes donnent au degré suprême le spectacle de la puissance obtenue par l'union de tous les membres d'une société. Cependant, à côté des nobles qualités qui font l'honneur des peuples, les fourmis montrent une humeur farouche. Pour les colonies voisines, elles restent des brigands, car elles ne perdent guère l'occasion d'exercer le brigandage, qui est favorable aux intérêts matériels. Dans ce petit monde se renouvellent sans cesse les guerres de spoliation. Deux nids d'attes noires se trouvaient passablement rapprochés ; dans l'un, la population était considérable, dans l'autre assez faible. Les fourmis qui se sentaient en force n'avaient pas honte de livrer à tout moment des combats à la colonie moins nombreuse, dont les greniers avaient été déjà remplis. Par des attaques ainsi répétées, elles affaiblissaient la société dont elles convoitaient les biens. Dès l'instant qu'elles jugèrent ne plus devoir éprouver trop de résistance dans un assaut, elles envahirent le nid mal défendu et le mirent au pillage. Moggridge a vu la guerre allumée entre des attes noires durer pendant six semaines. Parfois les fourmis qui ont été dépouillées luttent pour reconquérir le bien perdu, et l'observateur qui suit avec intérêt ces combats ne peut s'empêcher de saisir la ressemblance avec les batailles engagées sur de plus vastes théâtres. Un jour, une colonne d'attes noires était en marche comme si elle allait aux champs faire la moisson. Soudain, elle rencontre une autre troupe qui revenait chargée de butin ; aussitôt les porteurs furent dévalisés. Dans les luttes, les fourmis s'efforcent de saisir leurs adversaires par les antennes, les parties les plus vulnérables ; ainsi celles qui plient sous le poids d'un fardeau peuvent mal se défendre. Les récoltes achevées, cesse tout acte d'hostilité entre les fourmilières voisines ; les membres des colonies autrefois rivales se rencontrent sans plus s'inquiéter. La paix conclue, les sociétés appauvries par l'état de guerre ont le mieux possible réparé les malheurs ; les sociétés tout à fait maltraitées ont péri, des habitations où se pressait une foule de travailleurs sont maintenant vides.

Plus on pénètre dans les détails de la vie des insectes industrieux, plus on s'étonne. Dans les endroits brûlés du soleil, où se plaisent les attes noires, abondent les lézards. Très friands des fourmis ailées, c'est-à-dire des mâles et des femelles, ces reptiles n'attaquent pas les ouvrières. Celles-ci sont-elles défendues par une odeur pénétrante ou par la vapeur d'acide formique qu'elles émettent pour éloigner l'ennemi ? Le fait est probable. Par un beau soir, au temps des amours, rien n'est curieux comme d'assister au départ des mâles et des femelles. Les lézards guettent, mais les ouvrières veillent, entourant les individus ailés jusqu'à l'instant où ils peuvent s'envoler ; c'est une véritable garde du corps. Tous les actes de ces pauvres insectes dénotent une singulière justesse d'appréciation.

C'est seulement en pleine liberté que les êtres montrent toutes les aptitudes dont ils sont doués, mais un observateur ne négligera jamais d'examiner, s'il est possible, des individus captifs, afin de mieux suivre quelques traits de mœurs ou certaines particularités de l'intelligence. Moggridge voulut contempler de près les fourmis moissonneuses dont il avait si souvent épié les manœuvres au milieu des campagnes. Il emporta deux nids ; les logements avaient été préparés : c'étaient de belles cages à parois de verre, garnies d'une épaisse couche de terre et bien approvisionnées de nourriture. Dans l'une des colonies, on ne put apercevoir ni une femelle féconde, ni des larves ; les fourmis semblaient misérables et ne cherchaient qu'à s'échapper. Elles mouraient au sein de l'abondance. Tout autre était le spectacle que présentait la seconde colonie ; il y avait une reine et des larves en grand nombre. Avec une activité surprenante, les ouvrières s'étaient mises à creuser des galeries dans la terre couverte de gazon. En moins de six heures furent pratiquées huit orifices très reconnaissables aux monticules circulaires formés des matériaux extraits des profondeurs. Au lendemain matin, l'étendue des constructions était énorme, les ouvrières avaient travaillé toute la nuit. L'observateur ne se lassait pas d'admirer de quelle façon intelligente avait été conçu le plan général de l'édifice souterrain pour l'espace dont les industrieux insectes ne pouvaient franchir les limites. Les principales dispositions arrêtées, de longs jours s'écoulèrent à crépir les murailles, à mettre en bon état les loges destinées aux larves, à consolider les parois des greniers. Les nombreuses ouvertures qu'on remarquait au début des travaux furent closes ; trois subsistèrent assez longtemps, il n'en resta plus qu'une seule. Des graines avaient été répandues sur le gazon, les moissonneuses vinrent les prendre, et, comme à l'ordinaire, les emmagasiner dans les souterrains. On put voir comment s'y prennent les fourmis pour couper les racines qui descendent dans les galeries. Deux individus agissent de concert : l'un tire l'extrémité de la racine, l'autre ronge les fibres au niveau de la voûte ; après une suite d'efforts énergiques, l'objet est enlevé. Aussi bien en captivité qu'en liberté, il y eut, à l'extérieur du nid, l'endroit spécial où s'entassèrent les enveloppes de graines, les fragments de racines, enfin tous les détritus dont on débarrasse une cité bien tenue.

Dans la cage de verre avait été placé un vase avec de l'eau : on vit souvent les attes noires jeter dans le bassin les individus malades ou mourants. Était-ce pour se délivrer au plus vite d'êtres désormais inutiles ou pour les guérir ? On n'ose prononcer. Toujours est-il que des malades semblaient parfois éprouver du bain l'heureuse influence. Comme ranimés par l'immersion, ils allaient se réchauffer au soleil et paraissaient bientôt avoir recouvré la vigueur des anciens jours. Au soir, les fourmis, attirées par la lumière de la lampe, sortaient de leurs retraites. En pareilles circonstances, on eut l'occasion d'assister à des repas. En général, plusieurs individus serrés les uns contre les autres attaquent la même graine ; des parcelles de la matière pulpeuse sont détachées à l'aide des mandibules et introduites dans la bouche au moyen des palpes et des mâchoires. Les naturalistes attachés à l'observation des espèces du centre ou du nord de l'Europe avaient dû mettre au rang des fables les histoires de fourmis prévoyantes ; aujourd'hui l'histoire vraiment scientifique des attes moissonneuses atteste la vérité de l'ancienne croyance et prouve une fois de plus qu'il faut toujours se défier des généralisations trop promptes.

Section III

Aux heures de récréation, un écolier de Morges, dans le canton de Vaud, faisait ses délices de la lecture des *Recherches sur les fourmis indigènes*, par Pierre Huber. Bientôt l'enfant profita de toutes les occasions pour observer. Plus tard ce fut le jeune homme qui, s'adonnant à l'investigation avec un vrai enthousiasme pour le sujet, parvint à saisir pour la première fois mille détails du plus réel intérêt. Ainsi M. Auguste Forel a complété en grande partie l'histoire de nos fourmis les plus communes [18]. Examinant des espèces déjà étudiées sous le rapport des mœurs, il a pris à tâche de suivre, dans des circonstances extrêmement variées, les relations amicales ou hostiles entre des colonies soit de la même espèce, soit d'espèces différentes. C'était le meilleur moyen de dévoiler des caractères.

Dans les campagnes se loge en terre la fourmi sanguine, cette bête audacieuse déjà signalée, qui réduit en esclavage les fourmis brunes, ou, si l'on aime mieux, qui les prend de vive force pour auxiliaires. Aux mêmes lieux habite la fourmi des prés, qui ne réclame des autres aucune assistance [19]. Les deux espèces sont ennemies. Que les habitations se trouvent à proche distance, c'est la guerre perpétuelle. Plus agiles, plus vaillantes, les fourmis sanguines marchent à l'attaque en colonne épaisse et manœuvrent avec une incontestable supériorité ; le plus souvent elles remportent l'avantage. On les vit une fois couronner le dôme d'adversaires mis en complète déroute, bientôt poursuivre les fuyards, enlever les cocons que ceux-ci voulaient sauver, et sans retard dévorer les nymphes. Tous les observateurs demeurent stupéfaits de l'acharnement que les fourmis déploient dans les luttes. Des individus d'abord craintifs, hésitants, peu à peu s'animent ; sous l'empire d'une sorte de frénésie, ils en viennent à ne plus reconnaître le chemin, à se jeter sur des compagnes. C'est l'ivresse des combats. Des individus moins emportés s'efforcent d'arrêter ces fous furieux, et les retiennent par les pattes jusqu'à ce qu'ils soient revenus au calme. Tout cela ressemble singulièrement à des scènes fréquemment constatées sur de vastes champs de bataille.

Pendant un été, dans le dessein d'amener quelque terrible engagement entre les bêtes ennemies, on déposa nombre d'ouvrières et de cocons de la fourmi des prés tout au voisinage d'une résidence de fourmis sanguines. Celles-ci pillèrent bien vite les cocons. Était-ce pour les manger ? C'est l'habitude dans cette société lorsqu'elle est mise en présence de larves ou de nymphes d'espèces étrangères. — Nullement, paraît-il. L'année suivante s'offrait un spectacle inattendu. Fourmis sanguines et fourmis des prés vivaient dans une fraternelle association. Une brèche ayant été ouverte dans le nid, les unes et les autres emportèrent les cocons dans les souterrains et se mirent à réparer le désastre avec le même zèle. On s'avise d'apporter près de l'habitation une énorme quantité de fourmis des prés recueillies dans un autre district ; ne voilà-t-il pas que les amies des sanguines refusent de les reconnaître pour des sœurs, et, de concert avec les autres, se précipitent sur les importunes ! Ces dernières avaient l'avantage du nombre ; elles vinrent assiéger le nid. Les alliées, se sentant perdues, prirent la fuite, emmenant les esclaves, emportant larves et nymphes, traînant les ouvrières nouveau-nées ; elles allèrent s'installer à une distance respectable. Plusieurs fois, l'alliance a été consommée entre les bêtes ennemies, et souvent elle persista de longues années. Il est donc vrai, à la place de sentiments hostiles entre des êtres qui vivent séparés peuvent naître du rapprochement l'estime et même l'affection. Bien curieuse est la fourmilière mixte ; chaque espèce conservant sa manière de bâtir, elle présente un mélange d'architecture. Sur le dôme, on ne voit d'ordinaire que les fourmis des prés, apportant des matériaux ou se chauffant au soleil. Vient-on à les inquiéter ou à jeter près d'elles des bêtes inconnues, vite elles s'enfuient au fond du souterrain. Elles ont été chercher du secours. Soudain, comme par enchantement, apparaissent les fourmis sanguines ; si une lutte s'engage, les fourmis des prés ne s'y mêlent que les dernières.

Les ouvrières nouvellement écloses commencent par apprendre les travaux domestiques ; elles ne savent combattre et distinguer les amies des ennemies qu'après avoir été pendant un certain temps façonnées à l'existence. Il semblait donc possible de faire contracter des alliances à beaucoup d'espèces différentes, si l'on prenait soin de ne réunir que de très jeunes sujets. De l'expérience est venue la preuve. Dans une cage vitrée furent déposées des nymphes appartenant à six espèces distinctes, sous la garde de trois sortes de jeunes ouvrières n'ayant entre elles aucun lien de parenté. Les petites bêtes s'installèrent ensemble ; en commun, elles se mirent au travail, de la façon la plus tranquille ; l'éclosion de nouvelles fourmis était incessante ; les plus anciennes déchiraient les coques, aidaient à sortir les individus qui venaient à la lumière. On se trouva de la sorte en présence d'un peuple des plus bigarrés où régnait la concorde. En liberté, on ne réussit jamais à former de telles associations ; dans tous les cas, les fourmis firent un massacre des larves et des nymphes étrangères ; seules se réalisèrent des unions entre les fourmis sanguines et les fourmis des prés.

Plusieurs observateurs ont pris intérêt à l'étude des rapports de fourmis de même espèce appartenant à différentes colonies ; les uns ont déclaré que ces rapports étaient assez mauvais, les autres qu'ils étaient bons. Tout en effet dépend des circonstances. Lorsque deux partis passablement séparés sont établis dans des conditions satisfaisantes, ils se battent à outrance. Si deux fourmilières rapprochées se gênent, il y a lutte, les engagements partiels se répètent ; mais en général, les forces venant à s'épuiser, aux conflits succède une alliance définitive. Deux nids ont une population faible, les individus ne se sentent pas en heureuse situation, l'alliance est presque immédiate. A la lisière de gazon d'un massif d'arbres, une assez vaste demeure était occupée par des fourmis des prés. Un jour de grand matin, le naturaliste, qui se complaît dans le spectacle des batailles, apporte à peu de distance un nid de la même espèce, qu'il a été prendre bien loin. A l'heure où commencent les excursions, des ouvrières appartenant au vieux domaine approchent du camp formé par artifice ; elles sont toutes massacrées. Les nouvelles venues s'inquiètent néanmoins de voir arriver sans cesse des bêtes qu'elles jugent des ennemies ; elles poussent une reconnaissance, et se montrent en vue de l'habitation des fourmis qui naguère parcouraient seules le terrain. L'alarme se répand parmi ces dernières, elles accourent en nombre, la bataille s'engage avec un acharnement incroyable ; toujours grossissent les masses de combattants ; morts et blessés gisent sur un vaste espace. Un instant, les bêtes que le hasard a menées en ce lieu rompent les lignes des adversaires et tuent à merci. La panique est au comble sur le vieux nid, mais les réserves ne sont pas épuisées ; toutes les ouvertures vomissent des flots de fourmis, qui se joignent aux combattants. Alors la scène change, l'armée victorieuse est débordée ; après le triomphe, c'est la défaite, les individus qui échappent au carnage fuient et disparaissent dans la prairie. Ne soyons pas étonnés de tant d'humeur belliqueuse ; sans l'hostilité des colonies de même origine, au lieu de petites sociétés éparses, on verrait sur d'énormes étendues le sol labouré par d'interminables confédérations.

Entre fourmis d'espèces différentes, la guerre est endémique ; elle est sourde ou violente, selon les caractères. En général, les individus isolés, de même force, s'évitent, se querellent parfois s'ils se rencontrent, se battent rarement ; les luttes sérieuses en grosses masses ne se produisent que dans des circonstances exceptionnelles. L'intérêt des batailles de fourmis est considérable pour l'observateur attentif ; comme le remarque M. Auguste Forel, il découvre mainte preuve d'intelligence parmi les combattants, sous le rapport du courage et de l'adresse des différences individuelles des plus saisissantes, — l'égalité n'existe nulle part dans la nature.

Quand une fourmilière est surchargée d'habitants, il y a des émigrations plus ou moins nombreuses. Au bord d'un jardin potager, des fourmis s'étaient depuis longtemps installées [20] ; dans les courses, elles suivaient plusieurs chemins ; le plus fréquenté traversait la grande route, passait dans une prairie, longeait un étang pour aboutir à un massif d'arbres ; c'était bien long. Au printemps, une partie des petites bêtes alla fonder une colonie sous le massif ; plus tard, un nouveau groupe partit de l'ancienne habitation et vint élire domicile à l'extrémité d'un autre chemin ; la place, paraît-il, manquait d'agrément, il la quitta, et au milieu d'un gazon verdoyant, qui s'étalait à peu de distance, il trouva un gîte convenable. Pendant tout l'été, les ouvrières récemment emménagées rencontraient les ouvrières qui n'avaient cessé d'occuper la vieille demeure, et toujours de part et d'autre l'accueil était charmant. Survint le froid de l'automne, les rapports furent interrompus ; l'année suivante, les habitants de chaque nid avaient pris l'habitude de ne guère s'éloigner de leurs districts ; les relations étaient brisées. Après une longue période écoulée, on eut l'idée de prendre quelques individus de l'ancien nid et de les mettre auprès de l'une des fourmilières qui en provenaient ; abominablement mal reçus, ils durent s'enfuir. Dans une seconde expérience du même genre, des ouvrières accueillies moins brutalement furent tiraillées avec les signes d'une extrême méfiance. Comme on l'avait constaté, des fourmis éloignées depuis un certain temps se reconnaissent à merveille ; mais, si la durée de la séparation a été très longue, elles ont perdu le souvenir de leurs compagnes. Il ne faut pas oublier du reste que la population se modifie rapidement par suite de la mort des individus et de la naissance de nouvelles générations.

M. Aug. Forel s'est livré à de patientes études sur ces fameuses fourmis amazones, inhabiles à construire, à élever les larves, même à manger seules. Huber, nous l'avons dit, a dévoilé les mœurs de ces étranges créatures, nées pour les combats, qui partent en grandes troupes ravir les nymphes de fourmis travailleuses, dont elles se font des servantes dévouées. Depuis soixante-cinq ans, la narration du naturaliste de Genève a été mille fois reproduite ; jusqu'à présent on n'était guère parvenu à en savoir davantage sur le sujet, mais le nouvel observateur nous instruit d'une foule de particularités vraiment curieuses ou intéressantes. Entièrement d'un roux assez pâle est la fourmi amazone [21] ; elle n'a pas plus de 6 à 7 millimètres de longueur ; seule la femelle est d'une taille un peu supérieure. L'individu neutre, — on ne saurait dire l'ouvrière, — porte de fines mandibules arquées, convexes et brillantes en dessus, canaliculées en dessous, à pointe bien affilée. Avec de tels instruments, il est impossible de tailler le bois ou de gâcher la terre ; la grande pince aux branches aiguës n'est pas un outil, c'est simplement une arme. Ainsi pourvues, les amazones ont une façon de combattre qui ne ressemble point à celle des autres fourmis. Incapables de saisir leurs adversaires par les pattes, de couper une tête ou des membres, elles appréhendent l'ennemi au corps ou lui transpercent la tête d'un coup de pointe. Chez cette espèce, l'agilité est remarquable, les mouvements impétueux, le courage poussé à la témérité. Ne cherchant jamais le salut dans la fuite, l'individu jeté au milieu d'une fourmilière étrangère bondit, tue une masse d'adversaires jusqu'à ce qu'enfin, saisi par le corps, il succombe. C'est dans les cas désespérés que les amazones montrent une pareille fureur ; pendant les expéditions, elles marchent en rangs serrés, se retirent si un danger les menace, se détournent si des obstacles les inquiètent ; l'individu attardé par les accidents de la route se hâte de rejoindre le gros de l'armée ; il se dérobe dès qu'il se voit entouré de trop d'ennemis. Lorsque le chemin à parcourir est long, les amazones font des haltes, peut-être pour attendre les traînards, peut-être aussi parce qu'elles hésitent sur la direction qu'il convient de prendre. La force des colonnes expéditionnaires est très variable ; parfois on compte à peine quelques centaines d'individus, souvent de mille à deux mille. Les entreprises de ces fameuses guerrières s'effectuent du mois de juin au mois d'août ; les départs ont toujours lieu l'après-midi : vers deux heures si la température n'est pas excessive, plus tard s'il fait très chaud. Les préparatifs se font vite. Des fourmis se promènent sur le dôme comme indifférentes ; tout à coup quelques individus entrent dans l'intérieur du nid. Le signal est donné : les amazones sortent par flots ; elles se frappent du front, se touchent des antennes, puis la horde tout entière s'ébranle et s'éloigne. Les fournis esclaves restent étrangères au mouvement et paraissent n'y porter aucune attention.

Dans certains cas, les amazones vont au but avec une étonnante sûreté ; par exemple si elles veulent attaquer un nid placé sur le terrain qu'elles ont coutume de fréquenter. Elles se trompent bien aisément au contraire lorsqu'elles doivent opérer dans des cantons mal connus ; — il y a des expéditions manquées. Ces fâcheuses aventures n'arrivent pas seulement aux fourmis. Un jour à quatre heures de l'après-midi, on pouvait voir sur un pré en pente, de la demeure bâtie par les fourmis brunes réduites en esclavage, les fourmis guerrières s'en aller en masses compactes. Cette troupe descend le coteau, atteint une vigne, en suit le bord et soudain s'arrête. Les amazones se répandent de tous les côtés ; s'étant rassemblées, elles se décident à continuer la marche en avant. Au bout d'un trajet médiocre, des signes d'hésitation se manifestent, les bêtes s'arrêtent de nouveau et s'éparpillent. A chaque instant, des pelotons se détachent ; l'un se porte dans une direction, l'autre va battre ailleurs la campagne ; les recherches n'ont aucun succès. Peu à peu les coureuses rejoignent le centre de l'armée, puis la colonne entière reprend le chemin de la maison, aussi légère qu'au départ. Au retour, les malheureuses fourmis ne témoignent d'aucune préoccupation, mais quand elles se mettent à gravir la côte, la fatigue se fait sentir ; la troupe avance péniblement, des individus qui tiennent la tête retournent en arrière comme pour s'assurer que nul ne s'égare. Enfin, à sept heures du soir, les amazones rentraient au nid sans avoir rien trouvé.

Une autre fois, la bande se met en route à l'heure tardive ; les herbes touffues qui embarrassent le chemin ne permettent aux fourmis d'avancer qu'avec de grandes difficultés et une lenteur extrême ; prise de découragement, la troupe renonce à poursuivre, et sans hésitation apparente retourne au nid. Dans le monde des amazones, on ne se laisse guère abattre par des échecs. Une expédition a-t-elle été mal conduite, l'expérience malheureuse, les fautes commises servent pour mieux s'engager dans la nouvelle campagne. Par une belle journée, avant quatre heures de l'après-midi, une nombreuse horde de fourmis guerrières sortait de sa demeure. Bientôt elle se trouve près d'un champ de blé ; ici, elle s'arrête, les petites bêtes se croisent, courent comme effarées, se touchent avec les antennes et finissent par revenir se grouper. Elles entrent dans le champ de blé ; à peine ont-elles marché quelques instants, elles rebroussent, et voilà encore une halte au premier point d'arrêt. Des individus restent sur place immobiles, comme anéantis ; pourtant une portion de la troupe se remet en mouvement et parcourt dans les blés plusieurs mètres en furetant à droite et à gauche. Ne parvenant à rien découvrir, les amazones regagnent tranquillement leur domicile. Le lendemain, on les voit repartir dans la même direction. Sans hésiter, elles pénètrent dans le champ de blé, le traversent en totalité en inclinant sur la droite, et à la sortie se trouvent juste en face d'un gros nid de fourmis brunes. Envahir la fourmilière par une galerie ouverte est l'affaire d'un moment ; les amazones ne tardent pas à reparaître chacune portant une nymphe ; les dernières sont chassées par les fourmis brunes. Les voleuses reprennent le chemin de l'habitation ; mais, au lieu d'y entrer, elles déposent les nymphes en tas près de l'une des portes, et repartent aussitôt pour continuer le pillage. Les premières rencontrent celles qui forment la quelle de la colonne, et c'est plaisir de voir avec quel soin elles évitent de passer trop près des individus chargés afin de ne pas les troubler ; — il y a donc deux courants qui se dirigent en sens contraire. Les fourmis brunes qui viennent d'être pillées ont, en prévision d'un second assaut, barricadé les ouvertures de leur nid avec des grains de terre, faible ressource. Les amazones placées en tête de la troupe attendent le gros de l'armée ; se voyant en force, elles grimpent précipitamment sur le dôme, déblaient les entrées, bousculent les défenseurs et se chargent d'un nouveau butin. N'est-il pas clair que les fourmis guerrières vont à la recherche, d'après des indices plus ou moins vagues, comme nous le ferions nous-mêmes, qu'elles hésitent, se trompent ou réussissent, comme il arrive à tous ceux qui vont à la découverte ?

Dans une circonstance, les légionnaires que nous venons de suivre allèrent attaquer des fourmis brunes qui avaient des coques de mâles ; — celles-ci sont plus grosses que les cocons des ouvrières. Des bêtes stupides essayèrent d'emporter ces corps absolument inutiles dans leur société. Ne pouvant les saisir entre les mandibules, après de vains efforts, elles durent les abandonner. Assez fréquemment des amazones s'emparent de coques vides, de cadavres, et d'objets sans usage ; enfin elles commettent des erreurs. Parfois sur un nid, tout se prépare pour une expédition ; déjà les fourmis belliqueuses se mettent en marche, néanmoins beaucoup restent en arrière ; celles qui tenaient la tête de la colonne reviennent sur leurs pas, l'indécision semble au comble, évidemment le projet mal conçu n'aura pas de suite ; peu à peu les bêtes s'engouffrent dans leur souterrain, la journée est finie.

Pour esclaves, les amazones ne choisissent pas uniquement les fourmis brunes ; aussi volontiers elles prennent les fourmis barbe-rousse [22]. Celles-ci, également maçonnes ou plutôt mineuses, montrent en général à se défendre plus d'énergie que les autres ; mais elles ne sont pas moins toujours vaincues. Une après-midi, une immense horde de guerrières s'acheminait pleine d'assurance vers une grosse fourmilière : arrivée en vue du nid, elle s'arrête brusquement ; des émissaires se précipitent avec une rapidité vertigineuse sur les flancs et à l'arrière de la troupe afin de former une masse compacte. Les fourmis barbe-rousse se sont aperçues de la présence de l'ennemi ; en quelques secondes leur dôme, percé de plusieurs larges trous, se couvre d'une nuée de défenseurs. Les amazones, nullement intimidées, fondent sur le nid : la mêlée devient indescriptible ; cependant, malgré la lutte, des amazones pénètrent en foule par les ouvertures. Au même moment, on en voit sortir une multitude de fourmis barbe-rousse emportant des centaines de larves et de nymphes qu'elles veulent sauver. D'autre part, les assiégeantes ne se retirent qu'avec un cocon entre les mandibules ; satisfaites, elles ne songent qu'à déguerpir. Bientôt réunies en grosse masse, elles se dirigent vers leur habitation ; les fourmis barbe-rousse, les voyant fuir, se lancent à la poursuite. La scène est des plus curieuses. Telle amazone, saisie par les pattes, est forcée de lâcher sa proie ; telle autre, vigoureusement assaillie, laisse tomber le cocon qu'elle porte et d'un coup de pointe perce la tête de l'individu qui cherche à le prendre. Longtemps les fourmis barbe-rousse harcèlent les amazones, mais celles-ci, plus agiles, gagnent de vitesse et rentrent au nid avec un butin considérable.

Il semble que rien ne peut décourager les intrépides amazones. Un jour, par un temps affreux, une colonne se trouvait en marche.

Passant près d'une fontaine, les malheureuses bêtes sont inondées ; la plupart se cramponnent aux herbes et avancent péniblement au milieu du gazon mouillé. Parvenues au bord d'une grande route, elles n'hésitent pas à la traverser malgré le vent qui les culbute et la poussière qui les couvre ; plus loin elles réussissent à piller une fourmilière ! Au retour, étant chargées, elles trébuchent à chaque pas sous la force de l'ouragan ou sont entraînées à grande distance ; pourtant on ne les voit nullement lâcher prise. Luttant avec une indomptable énergie, elles finissent par atteindre leur demeure sans avoir perdu les fruits du pillage. Il y eut certes des victimes de la tempête, mais on ne les a point comptées. Les terribles amazones étant dans la dépendance absolue de leurs esclaves même pour se nourrir, on s'est inquiété de savoir de quelle manière se fonde une colonie. Selon toute apparence, la femelle, qui a des mandibules à peu près conformées comme celles de Beaucoup d'autres fourmis, élève les larves provenant de sa première ponte ; à cet égard nous manquons d'observations précises.

Une bête d'allure singulière, c'est la fourmi erratique, ou mieux la tapinome [23], elle marche, elle court les antennes en avant, l'abdomen relevé dans une attitude menaçante ; elle éjacule un liquide extrêmement volatil d'une odeur très prononcée. Rencontre-t-elle un animal capable de l'inquiéter, tournant de son côté l'extrémité postérieure du corps, elle le suffoque ou le met en fuite. Les tapinomes qui creusent des souterrains changent fort souvent de demeures ; elles déménagent avec une incroyable rapidité, emportant larves et nymphes. On les observe au nid, que l'on revienne deux heures plus tard le nid se trouve vide ; le déménagement est effectué. La raison d'une semblable conduite reste inexpliquée. Les fourmis erratiques ne sont pas d'humeur belliqueuse ; attaquées, elles se défendent néanmoins d'une façon très résolue et bien étrange. Une fourmi ordinaire menace de ses mandibules la tapinome ; celle-ci se retourne, agite l'abdomen dans tous les sens et fait jaillir une petite vapeur, l'adversaire se sauve. Serrée de près par plusieurs ennemis, la tapinome les asperge de liquide en visant à la tête ; aussitôt les bêtes atteintes se frottent dans la boue ou dans la poussière et se roulent comme en proie à des convulsions. Ainsi chaque type se distingue par une faculté spéciale ou par quelques traits de mœurs particuliers.

Section IV

Ce sont les fourmis d'Europe seules dont nous connaissons passablement aujourd'hui les conditions d'existence, les mœurs curieuses, les instincts remarquables, l'intelligence surprenante. Entre elles, il existe des différences extraordinaires ; comment donc ne pas songer aux espèces des autres parties du monde, que signalent des détails de conformation plus ou moins étranges ? Combien de particularités neuves, singulières ou charmantes découvrirait au milieu de ce monde un observateur patient et habile ! Dans les régions tropicales habitent en prodigieuse abondance des fourmis énormes qui rôdent sur les chemins, courent les bois, envahissent les maisons, mettent au pillage les denrées, marchent en grandes troupes ; bêtes fort incommodes, disent les voyageurs sans plus nous instruire. Bêtes incommodes en vérité, mais, ne l'oublions pas, bien industrieuses. M. Henry Walter Bates, un naturaliste anglais qui près de douze années séjourna dans la vallée de l'Amazone, a donné quelque attention à ces terribles fourmis abhorrées des indigènes ; il a observé des faits intéressants sur les habitudes de ces créatures, qui se livrent à d'immenses opérations [24]. Ce n'est, il est vrai, qu'un fragment d'histoire, car, le remarque justement l'explorateur des pays que baigne le grand fleuve de l'Amérique du Sud, il fallut qu'un homme plein de zèle et de talent consacrât presque sa vie à l'étude des fourmis communes dans son voisinage pour en connaître les mœurs et le tempérament. L'investigateur jeté dans une contrée lointaine, rarement sédentaire, toujours sollicité par mille sujets, travaillé du désir de voir une infinité de choses, peut-il donc poursuivre une recherche capable de l'attacher d'une manière à peu près exclusive ? Accueillons simplement ce qu'un naturaliste instruit nous apporte ; les notions fournies par M. Walter Bates conduiront de nouveaux voyageurs à surprendre ce qu'il laisse ignorer.

Toutes les personnes qui ont visité l'Amérique méridionale parlent de ces grandes fourmis qui semblent être toujours en expéditions. Réunies en nombre immense, elles arrivent à l'improviste, s'insinuent dans les maisons, dérobent les victuailles ou chassent les bêtes nuisibles, et décampent de nuit afin d'échapper à des poursuites dangereuses. Alors, selon l'avantage ou le désagrément survenu, les *fourmis de visite*, comme on les appelle, sont louées ou maudites. L'œcodome à grosse tête [25], la visiteuse ordinaire, abonde au Brésil. Les neutres, entièrement d'un brun noir ou rougeâtre, ont la tête munie de deux pointes et le thorax armé de trois paires d'épines. On en distingue trois sortes : les petits ayant la tête de proportion médiocre, — les véritables ouvrières, les grandes, dont la tête est énorme, polie à la surface chez les uns, mate et velue chez les autres. On n'a point encore clairement démêlé s'il y a des différences importantes dans la nature, dans les attributions, dans les aptitudes de ces trois sortes d'individus. L'œcodome emploie des feuilles pour la construction de ses nids. On en fut informé, il y a plus de quarante ans, par le récit d'un voyageur suédois, M. Lund. Passant près d'un arbre isolé en pleine végétation, le naturaliste est surpris d'entendre par un temps calme des feuilles qui tombent comme la pluie ; il s'approche, et sur chaque feuille voit une fourmi qui travaillait de toute sa force. Le pétiole bientôt coupé, la feuille tombait à terre. Au pied de l'arbre, la scène était plus curieuse encore : la terre se trouvait couverte de fourmis, qui découpaient en morceaux les feuilles à mesure qu'elles tombaient. En une heure, tout était fini : l'arbre dépouillé, les feuilles coupées, les morceaux emportés. Quel usage allaient faire les fourmis de ces morceaux de feuilles ? On l'ignorait ; avec M. Walter Bates nous l'apprendrons.

Aux environs de la ville de Para comme dans tout le pays situé à l'embouchure de l'Amazone, on rencontre partout les œcodomes, c'est le fléau des habitants. Les terribles bêtes dépouillent de leur feuillage les arbres cultivés, le préjudice est affreux pour la population. Dans certains districts, on assure qu'il est presque impossible d'avoir des cultures, tant pullulent les grosses fourmis, les *saübas*, ainsi qu'on les nomme dans toute la contrée. Au temps de ses premières promenades, l'investigateur des choses de la nature était fort intrigué de voir, au milieu des bois et des plantations, de gros monticules de terre qui tranchaient par la couleur avec la teinte générale du sol. Quelques-uns de ces édifices avaient 1/2 mètre de hauteur et 35 à 40 mètres de circonférence. C'étaient les nids des œcodomes, les redoutables saübas. Le dôme, formé de granules de terre agglomérés, avec des éminences comparables à des tourelles disposées par rangs, couvre de vastes et profondes galeries souterraines. Il est rare que les fourmis se montrent à l'ouvrage sur ces demeures ; — probablement elles travaillent la nuit. D'ordinaire les ouvertures, petites et nombreuses, restent closes, au moins pendant le jour ; d'étroits vestibules convergent pour aboutir à une vaste galerie d'une construction parfaite.

Lorsque les bandes d'œcodomes reviennent de la cueillette, on croirait une multitude de feuilles animées en marche ; le spectacle est d'une originalité sans pareille. En certains endroits peu éloignés des nids, les morceaux de feuille sont déposés en tas sur le sol ; tous, déforme circulaire, ont la dimension d'une petite pièce de monnaie. Découvre-t-on un de ces amas parfois très considérables que les œcodomes, sans souci des voleurs, ne prennent point la peine de garder, le lendemain on trouvera la place nette. Les ingénieuses bêtes réunissent d'abord les matériaux, elles les portent ensuite sur les lieux où ils doivent être mis en œuvre ; nulle part on n'agit avec plus de méthode. Ce sont surtout les jeunes arbres que les saübas dépouillent de leur feuillage ; elles s'attaquent bien aux essences indigènes, mais elles paraissent préférer singulièrement les arbres ou arbustes importés ; c'est ainsi que les malheureuses mettent en état pitoyable les plantations de caféiers et d'orangers.

Voyons donc ce que les œcodomes fabriquent des morceaux de feuilles si artistement taillés ; à force de temps et d'assiduité, M. Walter Bâtes est parvenu à le découvrir et à surprendre les ouvrières au travail. Les fragments de feuilles sont employés pour la construction de ces énormes dômes qui protègent les souterrains ; interposés entre des couches de granules de terre, ils rendent la voûte à peu près imperméable. N'est-il pas inouï le soin de ces bêtes, paraissant comprendre qu'une toiture simplement faite de terre ne résisterait pas aux pluies torrentielles des régions tropicales ? Des ouvrières apportent les pièces qu'elles prennent au dépôt et les jettent sur le monticule ; d'autres ouvrières s'en emparent, les mettent en position, les couvrent de grains de terre qu'elles vont chercher au fond du trou. Ce partage du travail ne laisse vraiment rien à désirer. Les demeures peuvent s'étendre sous le sol d'une façon incroyable. N'assure-t-on pas que, dans la province de Rio-Janeiro, des saübas creusèrent un nid sous la rivière Parahyba ? Au jardin botanique de Para, le directeur, essayant de détruire un nid, alluma des feux près des ouvertures principales et introduisit à l'intérieur de la vapeur de soufre : on vit de la fumée sortir par un orifice situé à une distance de plus de 65 mètres.

Exécrées à cause des dégâts qu'elles commettent sur les plantations, les saübas sont encore accusées de venir la nuit dans les maisons comme des brigands soustraire le manioc et d'autres provisions de bouche. A ce sujet on raconte une foule d'histoires extraordinaires. L'explorateur de la vallée de l'Amazone craignait d'y ajouter trop de confiance. De la manière la plus naturelle se présenta l'occasion d'éloigner de son esprit toute incertitude. Se trouvant dans un village indien sur la rivière Tapajos, il est éveillé en pleine nuit par un serviteur convaincu que les rats se sont établis dans des corbeilles de manioc gardées comme une précieuse réserve. Aussitôt debout, le naturaliste estime que le bruit ne vient nullement des rats ; avec une lumière, il pénètre dans le garde-manger, c'était une troupe d'oecodomes composée de plusieurs milliers d'individus. Les grosses fourmis couraient en divers sens ; déjà se sauvaient les bêtes portant entre les mandibules un énorme grain de manioc. Les paniers placés sur une table étaient occupés par des centaines de fourmis coupant les feuilles sèches servant d'enveloppes ; c'était l'opération qui produisait le bruit dont on s'était ému. L'envie d'exterminer un pareil monde était inévitable, on frappe avec rage, il y a nombre de bêtes écrasées, mais de nouvelles cohortes ne cessaient d'arriver ; le jour mit fin à la scène. La nuit suivante, la visite se renouvela ; on ne parvint à éloigner les saübas qu'en mettant le feu à de petites traînées de poudre de chasse. Quel usage peuvent donc faire les œcodomes de ces grains de manioc, substance horriblement dure ; auraient-elles un procédé pour les ramollir ? A cet égard on nous laisse encore dans l'ignorance aussi bien que sur le mode d'éducation des larves. Les mâles et les femelles, ayant une petite tête et de grandes ailes, sortent des nids pendant les mois de janvier et de février, au commencement de la saison pluvieuse. Ils se montrent au soir en quantité formidable et c'est fête pour les animaux insectivores, qui en font un terrible massacre. Quelques femelles échappent ; c'est assez pour perpétuer la race dans une effroyable proportion.

Des fourmis d'un tout autre type que les œcodomes et non moins singulières sont aussi très répandues dans l'Amérique méridionale ; les naturalistes les appellent les écitones. Longues, minces, avec une tête plate pourvue d'énormes mandibules tranchantes, de grandes pattes grêles, les écitones sont armées d'un aiguillon ; elles mordent « t elles piquent. Bêtes carnassières, les écitones chassent en troupes innombrables, semant la terreur parmi tous les êtres. Dans les contrées que traverse le Haut-Amazone, les Indiens prennent d'infinies précautions pour les éviter quand ils s'engagent au milieu des bois. A Éga, dans le pays où le Teffé vient mêler ses eaux à celles du Solimoens, M. Walter Bâtes a observé dix espèces de ces fourmis féroces.

Une espèce qui n'est pas la plus commune, l'écitone légionnaire [26], se montre dans les endroits découverts, souvent sur les sables. Des milliers d'individus se réunissent pour battre la campagne. Un soir, l'observateur aperçut deux colonnes qui cheminaient parallèlement en sens contraire. D'un côté, les bêtes étaient sans aucun fardeau, de l'autre elles étaient chargées d'insectes meurtris ou déchirés, surtout de larves et de nymphes de fourmis. Elles allèrent porter ce butin dans un hallier contre un monceau de feuilles sèches ; la nuit survint pendant cette opération. Le lendemain, la place était vide ; mais à peu de distance, la même armée s'occupait à pratiquer des excavations dans une terre assez meuble. Des groupes entouraient les trous de mines, et dès qu'une écitone remontait traînant quelque grosse larve, ses compagnes l'aidaient à la sortir. L'insecte, trop lourd pour être emporté par une fourmi, était mis en pièces, et des ouvrières s'emparaient des fragments. Dans l'espace de deux heures plusieurs nids furent pillés de la sorte. La besogne achevée, toute la horde gravit un monticule et parvint à l'entrée d'une de ces vastes habitations que bâtissent les termites et disparut dans le gouffre. Pendant cette marche, des individus libres couraient assister les porteurs pliant sous le faix.

Deux autres espèces du même genre fréquentent particulièrement les forêts [27] ; elles se ressemblent à tel point qu'un naturaliste doit les examiner de près pour les distinguer, mais elles-mêmes savent toujours se reconnaître ; en aucun cas elles ne se mêlent malgré des rencontres incessantes. Parmi ces écitones on remarque des différences surprenantes ; il y a des naines et des géantes. Ces féroces fourmis chassent en troupes dont on ne parvient pas à compter les milliers d'individus. Malheur à l'homme qui tombe sur le passage d'une telle armée ; aussitôt, comme si elles avaient une injure à venger, les terribles bêtes grimpent après ses jambes, le mordent avec les mandibules et le piquent de l'aiguillon ; le supplice est atroce. Lorsque le voyageur trop peu défiant est accompagné d'Indiens, ceux-ci, à la première apparition de la redoutable cohorte, donnent le signal de s'enfuir en criant *tauóca* ; c'est le nom des fourmis carnassières dans la langue des indigènes. Les écitones inspirent la frayeur à tous les animaux ; elles s'attaquent à de grosses araignées, à des chenilles, à des larves qu'elles découvrent dans le bois pourri, et les mettent en pièces ; chaque ouvrière prendra le morceau qu'elle est capable de porter. Il est vraiment curieux de voir ces fourmis qui ont toutes les audaces tomber sur les nids de guêpes accrochés dans les buissons ; elles rongent l'enveloppe faite d'une sorte de papier, puis elles se précipitent à l'intérieur et saisissent larves et nymphes qui sont aussitôt dépecées. Furieuses, les guêpes cherchent en vain à se défendre ; elles sont impuissantes contre les écitones. Il existe des espèces de ce genre qui sont absolument aveugles, celles-ci ne se montrent pas à la lumière ; habitant des canaux souterrains, elles ne cessent d'ouvrir des galeries afin d'atteindre des nids qu'elles pourront dévaster. Est-il possible de ne pas désirer connaître la vie entière de ces étonnantes fourmis des tropiques comme nous connaissons celle des fourmis d'Europe ?

Après avoir considéré le monde de ces créatures si petites, appelant partout l'attention des hommes ; après avoir vu tant de diversité de mœurs et de caractère chez ces êtres appartenant à la même famille zoologique, l'esprit demeure frappé de la grandeur des actes de l'espèce et de la fragilité des individus. Cette pensée qu'inspire l'humanité est-elle moins juste à l'égard de ces chétifs insectes ? Maintenant que nous avons des notions très positives sur les aptitudes et sur l'intelligence des fourmis, le naturaliste s'aperçoit que la science réclame des études d'un nouveau genre. L'organisation de ces bêtes laborieuses est connue simplement dans les traits généraux [28]. Que de phénomènes seront expliqués, au moins d'une certaine manière, le jour où l'on sera renseigné sur une infinité de détails de l'organisme ! Le sujet est de nature à séduire des investigateurs patients qui ont de longues années à consacrer à la recherche.

Nous avons rappelé que les fourmilières présentent des analogies avec les sociétés humaines. La comparaison est intéressante ; elle est scientifique, car on y trouve la preuve que non-seulement les phénomènes de la vie animale, mais encore les phénomènes de l'ordre intellectuel ont un caractère de généralité ; s'ils diffèrent prodigieusement, c'est par le degré de perfection. Tout en reconnaissant les fourmis pour des bêtes douées de discernement et d'une sorte de raison, il faut néanmoins se tenir en garde contre des appréciations trop favorables. Les fourmis sont d'habiles architectes qui ne sortent pas d'une spécialité, des nourrices parfaites, des guerrières vaillantes et rusées, elles entendent l'économie domestique, un peu la politique ; cela ne va pas plus loin.

Notes

1.   Chap. III, versets 19-21.

2.   Les ascidies, groupe inférieur de l'embranchement des mollusques.

3.   Voyez, dans la Revue du 1er mars 1870, les Conditions de la vie chez les êtres animés.

4.   Biblia Naturœ, par J. Swararaerctem, né à Amsterdam en

1637, mort en 1680. — L'ouvrage ne fut publié qu'en 1737.

5.   Voyez notre ouvrage intitulé Métamorphoses, mœurs et instincts des insectes, Paris 1868.

6.   Par exemple la fourmi rousse, Formica rufas.

7.   Les larves d'un petit nombre d'espèces se transforment en nymphes sans faire de cocons.

8.   La fourmi sangnine, Formica sanguinea.

9.   Le Polyergus rufescens des naturalistes.

10.   La Formica fusca et la Formica cunicularia.

11.   Charles Lespès est mort en 1871, à l'âge de quarante-cinq ans, professeur à la faculté des sciences de Marseille.

12.   Ces insectes ont environ 5 millimètres de long.

13.   Atta barbara.

14.   Atta structor.

15.   Traherne Moggridge, né à Swansea (pays de Galles) le 8 mars 1842, est mort à Menton le 24 novembre 1874 à l'âge de trente-deux ans.

16.   Harvesting Ants and Trap-door spiders, London 1873. — Supplement to Harvesting Ants, London 1874.

17.   Alsine media, mouron des oiseaux.

18.   Les Fourmis de la Suisse, in-4° ; Zurich 1874.

19.   Formica pratensis.

20.   La fourmi des prés, Formica pratensis.

21.   Le Polyergus rufescens des naturalistes.

22.   Formica rufibarbis. La même espèce porte dans divers ouvrages le nom de Formica cunicularia.

23.   Tapinoma erraticum. Cette fourmi à raison de certains caractères est classée dans un genre particulier.

24.   The Naturalist on the river Amazons, London, 2 vol. in-12, 1868.

25.   Œcodoma cephalotes. Cette fourmi est longue de 2 centimètres à 2 cent. 1/2.

26.   Eciton legionis.

27.   Eciton hamata et Eciton drepanophora.

28.   Un naturaliste de Copenhague M. Meinert, a fait l'étude de l'appareil digestif et de quelques autres organes des fourmis. Bidrag

til de danske Myrers naturhistorie, Kjobenhavn 1860.

ISBN : 978-1547054954

Émile Blanchard